·科技服务林改实用技术丛书·

西南桦丰产栽培技术问答

曾 杰 主编

中国林业出版社

图书在版编目(CIP)数据

西南桦丰产栽培技术问答／曾　杰主编. —北京：
中国林业出版社，2010. 10
(科技服务林改实用技术丛书)
ISBN 978 - 7 - 5038 - 5940 - 3

Ⅰ. ①西…　Ⅱ. ①曾…　Ⅲ. ①桦木属 - 栽培 - 问答
Ⅳ. ①S792. 15 - 44

中国版本图书馆 CIP 数据核字（2010）第 188540 号

责任编辑：刘家玲　张　锴

出　版：中国林业出版社（100009　北京西城区德内大街刘海胡同 7 号）
E - mail：wildlife_cfph@163. com　　电话：(010) 83225764
发　行：新华书店北京发行所
印　刷：三河祥达印装厂
版　次：2010 年 10 月第 1 版
印　次：2010 年 10 月第 1 次
开　本：850mm × 1168mm　1/32
印　张：2
字　数：52 千字
印　数：5000 册
定　价：8. 00 元

“科技服务林改实用技术”丛书

编辑委员会

《西南桦丰产栽培技术问答》

序

我国山区面积占国土面积的69%，山区人口占全国人口的56%，全国76%的贫困人口分布在山区，山区农民脱贫致富已成为建设社会主义新农村的重点和难点。

山区发展，潜力在山，希望在林。全国43亿亩林业用地和4万多个高等物种主要分布在山区。对林地和物种的有效开发利用，既可以获得巨大的生态效益，又可以获得巨大的经济效益。特别是随着经济社会的快速发展和消费结构的变化，林产品以天然绿色的优势备受人们青睐，人们对林产品的需求急剧增长，林产品市场价值不断提升。加快林业发展，发挥山区的优势与潜力，对于促进山区农民脱贫致富，破解“三农”难题，推进新农村建设，建设生态文明，具有十分重大的战略意义。

我国林业蕴藏的巨大潜力之所以长期没有充分发挥出来，重要原因在于经营管理粗放、科技含量低。当前，世界林业发达国家的林业科技贡献率已高达70%～80%，而我国林业科技贡献率仅35.4%。特别是我国林业科技推广工作相对薄弱，大量林业科技成果未被广大林农掌握。加强林业科技推广，把科学技术真正送到广大林农手里，切实运用到具体实践中，已经成为转变林业发展方式、提高林地产出率、增加农民收入的紧迫任务。

实践证明，许多林业科技成果特别是林业实用技术具有易操作、见效快的特点，一旦被林农掌握，就会变成现实生产力，显著提高林产品产量，显著增加林农收入，深受广大林农群众的欢迎。浙江省安吉市的农民在种植竹笋时，通过砻糠覆盖技术，既提早了竹笋上市时间，又提高了竹笋品质，还延长了销售周期，使农民收入大幅增加。我国的油茶过去由于品种老化、经营粗放等原因，每亩产量只有3~5千克，近年来通过推广新品种和新技术，每亩产量提高到30~50千克，效益提高了10倍。据统计，目前我国林业科技成果已有5 000多项，但在较大范围内推广应用的不多。如果将这些林业科技成果推广应用到生产实践中，必将释放出林业的巨大潜力，产生显著的经济效益，为林农群众开拓出更多更好的致富门路。

近年来，国家林业局科学技术司坚持为林农提供高效优质科技服务的宗旨，开展送科技下乡等一系列活动，取得了显著成效。为适应集体林权制度改革的新形势，满足广大林农对林业科技的需求，他们又组织专家编写了“科技服务林改实用技术”丛书，这是一件大好事。这套丛书以实用技术为主，收录了主要用材林、经济林、花卉、竹子、珍贵树种、能源树种的栽培管理以及重大病虫害防治技术。丛书图文并茂、深入浅出、通俗易懂、易于操作，将成为广大林农和基层林业技术人员的得力帮手。

做好林业实用技术推广工作意义重大。希望林业科技部门不断总结经验，紧密围绕林农群众关心的科技问题，继续加强研究和推广工作；希望广大林业科技工作者和科技推广人员，增强全心全意为林农群众服务的责任心和使命感，锐意进取，埋头苦干，不断扩大科技推广成果；希望广大林农群众树立相信科技、依靠科技的意识，努力学科技、用科技，不断提高科技素质，不断增强依靠科技发家致富的本领。我相信，通过各方面共同努力，林业实用技术一定能够发挥独特作用，一定能够为山区经济发展、社会主义新农村建设做出更大贡献。

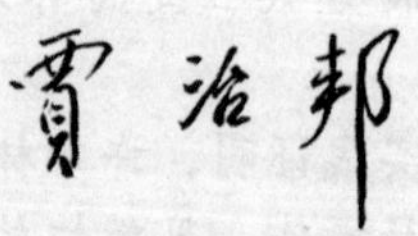

2010年7月

前　言

随着我国社会经济条件逐步改善，人们生活水平不断提高，国内对于高档、中高档木材的需求急剧增加。我国每年花费大量外汇进口珍贵木材，然而许多国家对于珍贵原木的出口限制日益加强，因此加快发展我国珍贵树种人工林，增加珍贵木材资源储备，对于满足国内珍贵木材的旺盛需求、提升我国高档或中高档木材以及传统木制品的国际竞争力至关重要。

西南桦是我国热带、南亚热带地区的一个珍贵用材树种。它树体高大、树干通直圆满，适应性较强，对气候、土壤的要求不高，在云南、广西、广东、福建等南方省份的大部分地区都能很好地生长。西南桦生长迅速，而且能够在20年左右的时间里成材，适合培养大径材。西南桦木材属中高档木材，主要用于室内装饰、木地板、家具制作等，用途十分广泛，而且贴近人们的生活，价格也让普通大众都能够消费，市场需求和发展潜力巨大，具有很高的经济价值。因此，西南桦是我国发展中高档木材生产的一个理想树种。

早在20世纪六、七十年代，我国林学家就建议研究西南桦的人工种植，发展西南桦人工林。70年代末开始至1996年，我国逐步开展了西南桦的驯化栽培研究。1996年以后，西南桦更加受到重视，被列入国家科技支撑（攻关）计划，进行全面系统的研究。近年来，西南桦的栽培技术、良种选育和繁育等方面的问题，基本上得到了解决，这为西南桦的推广种植提供了有力的科技支撑。到2006年为止，我国云南、广西、广东和福建等省（自治区）已种植西南桦近80万亩（1亩=1/15公顷，下同），目前仍呈现良好的推广势头。从目前的西南桦人工造林成果来看，西南桦成材快、材质好的优势已经得到了证明。但是，目前西南桦的种植规模远远满足不了巨大的市场需求。在今后较长一段时期内，种植西南桦都不失为一个很好的投资、经营方向。

我们在宣传、推广西南桦的过程中，经常碰到林农、私营企业老板关心西南桦木材有什么用，种植西南桦能赚多少钱，需要多长时间才能采伐等问题。我们也发现基层林业技术人员不了解何时采集西南桦种子，容易将西南桦与光皮桦相混淆。一些林业局、林场拿到西南桦种子后也培育不出苗，有了种苗也不知道应选择什么立地种植，应采取哪些经营措施等等。许多地方由于应用劣质种子育苗、选择不适宜的立地造林、经营措施不到位，导致林分产量不高、林木分化严重。因此编写本书以增进大家对西南桦的了解，保障西南桦人工林健康、高效的发展。

本书主要面向基层林业科技人员、林农，考虑到读者群的阅读习惯，使读者容易找到想要了解的知识，我们将生产上常见的问题以及普遍关心的问题，以林业生产一般流程为线索，采用问答的形式进行写作，力求达到雅俗共赏的效果，既适于林农和基层技术人员等阅读，也适于科技管理人员了解。由于我们水平有限，错误和遗漏之处在所难免，欢迎读者指正。

编著者

2010年7月

目　录

第一章　主要适生分布区和主要用途

1. 如何简单鉴别西南桦？它与光皮桦有什么区别？

在云南、广西的一些西南桦和光皮桦都有天然分布的地方，人们容易将两种桦木混淆起来。由于西南桦和光皮桦生长对立地的要求不同，在生产上往往出现因用种错误而导致造林失败的现象，因此正确鉴别西南桦显得十分重要。西南桦与光皮桦的区别特征见表1。

表1　西南桦与光皮桦的区别特征

	形态		木材颜色	物候	
	果序	树皮		落叶期	种子成熟期
西南桦	一个果梗上2~5枚果穗	幼树的树皮一般都光滑；老树树皮粗糙，呈纵向剥裂、片状剥落	一般呈淡红色	较短，一般在10~11月落叶，落叶后约半个月即发新叶	1~3月
光皮桦	一般为单穗，偶见一个果梗上有多枚果穗	幼树的树皮一般都光滑；老树树皮相对光滑，呈薄片状脱落	一般呈黄白色	较长，一般在11~12月份落叶，翌年2~3月发新叶	4~6月

2. 西南桦有什么别的名称吗？

西南桦又称西桦、西南桦木、蒙自桦木，它的拉丁学名为

Betula alnoides Buch. –Ham. ex D. Don。在西南桦的一些天然分布区，当地群众乃至林业技术人员并不知道西南桦是什么树种，他们往往使用当地俗名，如广西百色壮语中称西南桦为“梅嘎路”，云南蒙自、双江等地称为桦桃木（树），云南西畴一带称之为桦树，在爱伲语中称为“直杠”。在木地板市场，人们经常使用“红樱桃”作为商品名。

3. 西南桦在我国哪些地区有天然分布？

我国云南、广西、贵州和西藏4省（自治区）有西南桦天然分布。在云南，西南桦分布于东南部、南部、西南部、西部和西北部的怒江峡谷地区；在广西，西南桦主要分布在西部和西北部，包括崇左市、百色市以及河池市；贵州的西南桦主要分布在黔西南布依族苗族自治州南盘江流域；在西藏，西南桦分布在墨脱县喜马拉雅东部雅鲁藏布江大峡弯河谷地区。各省区具体的分布县市（区）参见图1。此外，越南、老挝、泰国、缅甸、印度和尼泊尔也有西南桦天然分布。

一些文献记载，在海南、福建、浙江、安徽等省也有西南桦天然分布，可能是由于标本鉴定错误等原因造成的，这些省份实际上并没有西南桦天然分布。

4. 西南桦木材有哪些用途？

西南桦的树干通直，木材纹理结构细致，颜色漂亮，重量和硬度适中，容易加工。西南桦木材传统上被用做家具和建筑用材，林区群众非常喜欢用它做屋梁、锯楼板、制家具。它也是优良的军工用材，用来制作枪托和手榴弹柄等。目前，西南桦木材主要用来制作中高档家具和木地板、航空胶合板和装饰胶合板贴面。由于它结构细致、年轮均匀、心材与边材区分不明显、共振性能良好，也是制作乐器的优良用材。

5. 目前我国西南桦木材市场供求情况如何？价格怎样？

目前，国内市场上销售的西南桦木材，大部分是从越南、老

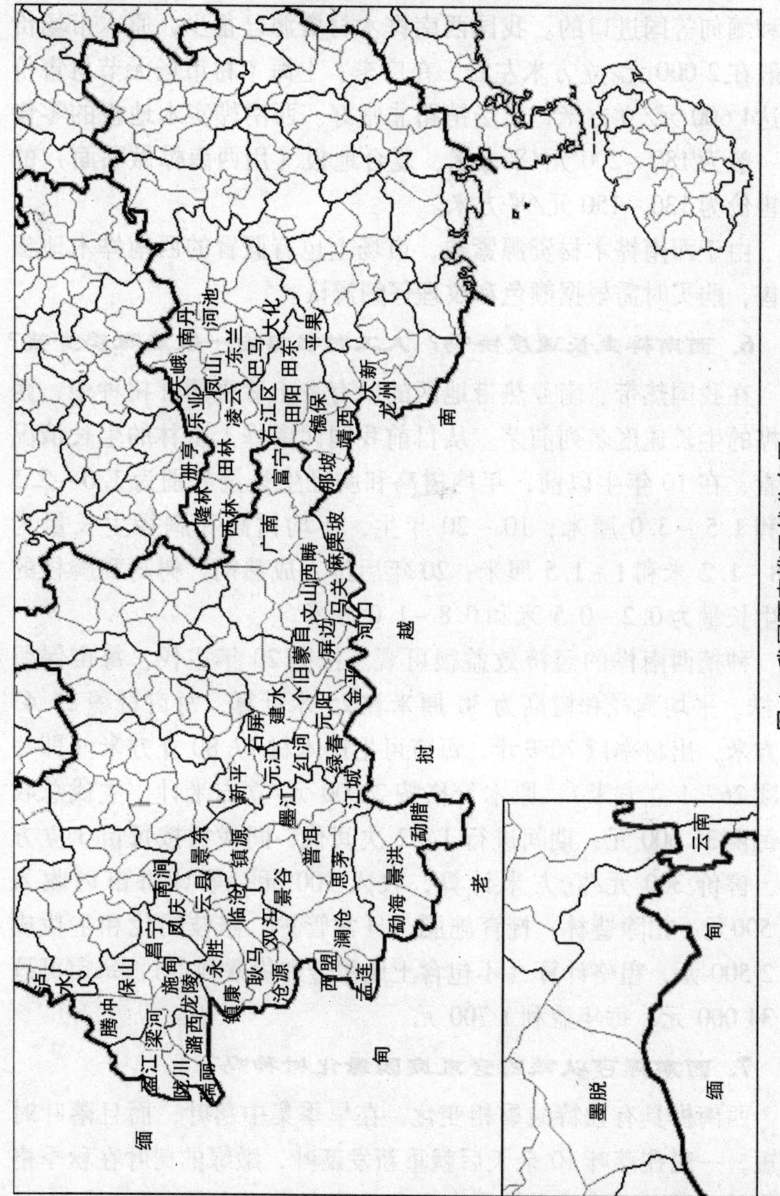

图1 我国西南桦天然分布区

挝和缅甸等国进口的。我国西南桦木材资源已很少，原木市场价一般在2 000元/立方米左右，在广东、上海木材市场无节材售价高达4 600元/立方米，市场销路非常好。西南桦实木地板的零售价一般为180～200元/平方米，复合地板（用西南桦做贴面）的零售价为130～150元/平方米。

由于西南桦木材资源紧缺，市场上也有假冒的西南桦木地板销售，购买时需根据颜色和纹理仔细辨认。

6. 西南桦生长速度快吗？人工种植每亩一般能赚多少钱？

在我国热带、南亚热带地区的所有乡土珍贵阔叶树种中，西南桦的生长速度名列前茅。从目前我国西南桦人工林的生长情况来看，在10年生以前，年均树高和胸径生长量分别为1.0～2.5米和1.5～3.0厘米；10～20年生，年均树高和胸径生长量为0.8～1.2米和1～1.5厘米；20年后进入成熟期，树高和胸径的年生长量为0.2～0.5米和0.8～1.0厘米。

种植西南桦的经济效益很可观。按照20年主伐，每亩保留30株，平均胸径和树高为30厘米和25米计算，每亩材积25.43立方米，出材率以70%计，每亩可生产木材17.80立方米（即每公顷267.1立方米），原木价格按2 000元/立方米计，主伐总收入每亩35 600元；期间进行1～2次间伐，间伐材按每亩3立方米、售价300元/立方米计算，收入900元；累计每亩可收入36 500元。扣除造林、抚育施肥、日常管护、修枝间伐和主伐成本2 500元，粗略计算（不包含土地租金和货款利息），每亩可盈利34 000元，每年盈利1 700元。

7. 西南桦可以做四旁或庭园绿化树种吗？

西南桦具有独特的季相变化，在旱季集中落叶，而且落叶时间短，一般在落叶10余天后就重新发新叶，嫩绿的树叶在秋季格外醒目，所以一些地方的群众形象地称它为“十月青”。从11月份至翌年3月份，从远处看，嫩绿的西南桦树叶给沉闷的南方森林增添新绿，令人心旷神怡；近处看，西南桦亭亭玉立，树枝随风摇曳，令人赏心悦目。

由于西南桦不适应高温，而且落叶较多，不适合在城区作为行道树，可在庭园、村寨四旁以及城郊、森林公园种植，以绿化、美化环境。

8. 西南桦有什么药用价值吗?

据《中国佤族医药》记载，西南桦树皮用水煎服或生嚼咽汁，可治疗感冒、胃疼痛、风湿骨痛、消化不良和腹泻。

印度偏远乡村地区的群众，将西南桦树皮烧成灰，用来治疗眼疾或眼部感染，具体药方是：西南桦树皮烧成的灰 100 克，用 2 满匙印度酥油和浆糊混合，每次取 5 克敷在眼睑上，每天 3 次。

第二章　主要栽培品种及其优良特性

9. 目前有西南桦良种可以用吗?

目前中国林业科学研究院热带林业研究所已在云南、广西、广东和福建多个地点开展了种源试验或种源家系联合试验，并进行了早期测定和评价。初步筛选出一批优良的种源、家系和单株，部分单株已无性系化。表2是在各地初步选出的优良种源。由于西南桦是一个中轮伐期树种，试验结果还需要进一步验证。为了加快良种检验和应用速度，采用边研究边应用的方式，一些优良种源、家系和无性系已在生产上推广，幼林年均胸径、树高生长量达2厘米和2米，取得了良好的示范效果。

表2　西南桦造林的用种建议

栽培地区	建议种源
云南西部、中南部	云南屏边、西畴、镇沅、凤庆、潞西，广西龙州
云南南部、东南部	云南屏边、西畴、勐腊、元阳，广西那坡、龙州
广西西部、贵州西南部	广西龙州、德保、凌云、靖西，云南西畴
广西东部、广东	广西田林、凌云、龙州、靖西、那坡，云南西畴、潞西
福建南部	广西凌云、东兰、龙州，云南腾冲、西畴

10. 怎样进行西南桦种子调拨? 用哪些地方的种子比较好?

根据我们在云南、广西、广东和福建的种源/家系试验结果，广西龙州、云南西畴种源在各地都表现好；云南屏边种源在云南表现非常好；广西凌云种源在广西、广东和福建表现好。各地发展西南桦人工林，用种参考表1。建议这些种源地选择生长良好、无病虫害的林分，通过适当疏伐，建立采种母树林，保证种子质量。

用种时，还应考虑到海拔因素。若造林地海拔较高或纬度偏北，建议用高海拔种源和北缘种源，详见图1，以免发生冻害。

第三章　生长环境要求

11. 我国哪些地区可以种植西南桦?

在我国，除了有西南桦天然分布的地区，包括云南东南部、南部、西南部、西部以及广西西南部、西部、西北部和贵州西南部，可以种植西南桦之外，广西的其他地区以及广东、福建南部也可以种植西南桦。总而言之，南岭山地、云贵高原和滇中高原这条线以南地区都可以种植西南桦。若再往北引种，有发生寒害的风险。

12. 种植西南桦应选择什么样的立地？它对气候、土壤有什么要求?

西南桦喜温凉气候，在过于寒冷或炎热的条件下生长都将减缓，乃至停止生长。特别是夏季温度过高的地区，往往导致林分产量不高，干形不良，而且容易发生病虫害。西南桦对气温的要求为：年均气温 13.5～20.5℃，最热月（7 月）平均气温低于 27℃，最冷月（1 月）平均气温高于 6℃，极端最高温度 41℃，极端最低温度 -5℃，有效活动积温 4 000～7 200℃。最适合西南桦生长的地区，气温的要求大致为：年均气温 16～19℃，1 月平均气温 9.5～12.5℃，7 月平均气温 21～24℃。此外，最好在年均相对湿度 80% 以上，降水量 1 000 毫米以上的地区种植西南桦。

地形方面，宜选择开阔地、坡地营造西南桦。由于西南桦不耐重霜危害，而低洼地易发生霜冻，因此切忌在低洼地种植西南桦。在偏南的丘陵、低山地区营造西南桦速生丰产林，海拔一般不宜低于400米。

西南桦是深根性树种，根系发达，对土壤的适应性很广，较能耐干旱瘠薄，适合在酸性或微酸性（pH值4.2~6.5）土壤上生长。尽管西南桦对土壤的适应性较强，对土壤肥力要求不高，但要达到西南桦人工林丰产高效的目的，应选择较好立地造林，土层要深厚，土壤要肥沃，如坡下部黑土层（腐殖质层）较厚、石砾含量较低的土壤。

第四章　育苗技术

13. 西南桦种子什么时候成熟？如何判断种子是否成熟？

在不同地区，西南桦种子成熟期不一样，具体情况参见表3。在同一地点不同年份间，西南桦种子成熟时间可相差半个月；在同一地点相同年份，不同树之间相差可达10天以上。因此要采集西南桦种子，必须对采种林分提前进行观察，以免错过采种季节。

当观察到果穗由青绿色转为金黄色或黄褐色时，说明种子已接近成熟（八成熟），可以采种。也可爬到树上，摘取一些种子直接观察，成熟的西南桦种子呈黄色略带白色，种胚略微凸起，在白纸上或用指甲挤压可以看到油迹；而未成熟的种子带绿色，种胚不明显，挤压后没有油迹出现。

表3　西南桦的种子成熟期

地区	成熟期
广西西部、贵州西南部	1月上旬至2月下旬
广西西北部	2月上旬至3月上旬
云南东南部	2月中旬至3月中旬
云南南部	2月上旬至3月上旬
云南西部	1月下旬至3月中旬

14. 怎样采集和处理西南桦种子？

西南桦应选择优树采种，而且年龄在18年以上，胸径20厘米以上。具体而言，采种母树应高大、通直、圆满，而且生长旺盛，没有病虫害。由于爬树采种非常困难且危险，生产上常常将树伐倒，但这无异于杀鸡取卵，很不可取。可以徒手爬树，但应有防护措施，最好借助爬电杆的工具上树比较安全，用高枝剪剪取带果穗的小枝，尽量不要损伤大枝，然后收集小枝，摘取果穗，装袋后运回室内处理。

将果穗放在室内通风的地方摊开晾干，一周或更短时间后种子便自行脱落，然后将果穗过筛，即可获得种子，用这种方法处理，杂质较少；也可以将果穗铺开暴晒约 2 小时，然后搓出种子，采用这种方法由于苞片也脱落了，得到的种子杂质较多。

值得注意的是，由于西南桦种子成熟后容易脱落，在采摘时轻轻震动枝条都会使种子飞散，因此最好在种子接近成熟（八成熟）时，也就时说果穗变为金黄色或黄褐色时采枝条，将果枝在室内铺开阴干，让种子自然脱落，也给种子一个后熟的过程。

15. 怎样贮藏西南桦种子？

对于西南桦种子，可以采用低温贮藏和干燥贮藏。低温贮藏的温度应设置在 10℃以下，少量种子可以放在冰箱内冷藏（保鲜室，4℃左右）或冻藏（冷冻室，0℃以下），大量种子可放在冷库内贮藏；必须特别强调的是，在低温贮藏之前应将西南桦种子自然风干。通过低温贮藏，种子活力可以保持 3 年以上。

在偏僻林区若没有冷藏条件，可采用干燥贮藏方法，以石灰、木炭等作干燥剂，或将种子放在谷仓内。用这种方法贮藏，可保持西南桦种子活力 1 年以上。

16. 生产上常采用两段式育苗法培育西南桦容器苗，什么是两段式育苗法？

西南桦属细小粒种子，芽苗生长缓慢、柔弱、抗逆性差，一般先集中播种培育芽苗，便于精细管理，提高芽苗成活率，然后将芽苗移植到营养袋内，按照常规容器苗培育方法管理，直至出圃，生产上称之为两段式育苗，实际上它是“移植容器苗培育”的通俗说法。这种方法包括芽苗阶段和幼苗阶段，对西南桦来说，芽苗阶段非常重要，每个育苗环节都必须仔细认真；幼苗阶段按照常规育苗方法进行管理就可以了。

17. 培育西南桦容器苗，应在哪个季节播种？

培育西南桦容器苗，从播种到苗木出圃一般需要6~8个月，所以在造林前6~8个月就必须播种。应根据各地的造林时间，确定具体的播种时间。在云南一般11月至翌年2月份播种，芽苗阶段往往正值寒潮来袭，应特别注意保温防寒。广东、广西、福建可在8~10月份播种，为了避开低温期移苗（播种后一般需3个月才能移苗），播种应适当提前，最好在9月份之前播种，这样的话，就可以保证在低温来临之前移苗了。

18. 在苗床上和在可移动容器内培育西南桦芽苗，各有哪些优缺点？

培育西南桦芽苗，可以在圃地筑床，也可以利用可搬动的容器，两种方法各有它的优缺点。利用排水良好的塑料盆、菜篮子或木箱等容器，优点是：①可以随意搬动，容易控制种子发芽、芽苗生长所需的光、温、水等条件，便于精细管理；②运输方便，而且运输成本低得多，特别适合芽苗培育地点和幼苗出圃地点相距较远的情况。缺点是：①因与土壤隔离，基质容易变干，搬动会造成容器内的基质开裂，导致伤根而损失苗木，需要特别注意水分管理，适时浇水；②占用圃地过多，培育苗木有限，育苗成本较苗床高。

直接在圃地筑床培育芽苗，优点是可以大批量培育芽苗，基质不容易变干，水分管理相对容易，芽苗培育的成本也较低。缺点在于：①受圃地环境影响较大，圃地选择不好的话容易滋生病虫害，病虫害防治的难度大；②芽苗移栽不方便，芽苗培育地点必须靠近苗木出圃地点。

19. 西南桦芽苗培育应选用什么基质（营养土）？

基质对于西南桦芽苗培育至关重要，应保证基质疏松、透气和排水性好。基质过于黏重，芽苗往往生长不良，容易发病；基质中砂粒太多，芽苗生长慢，而且根系过长，不利于芽苗移植。宜采用黄心土、沙和火烧土的混合基质，黄心土、沙和火烧土的比例为4～6∶1～2∶1等。黄心土与沙的合适比例取决于土壤质地，可按照以下经验确定：

按比例取黄心土、沙充分混合后，取少量基质加入少许水调湿，用手抓取基质并稍用力握紧，轻轻扔到地上，若基质太散说明沙多，若基质散不开说明黄心土偏多，若基质刚好散开，也有部分没散开，说明黄心土和沙的比例正好合适。

特别注意应避免在菜地、农作地取黄心土，应在林地或荒地上取。如果土壤通气、排水性好，一般为砂壤土或壤土，可单用黄心土作育苗基质。基质中可加入少许（0.5%，重量比）复合肥或腐熟磷肥做底肥。

20. 培育西南桦芽苗，基质消毒很关键，那么怎样对基质进行消毒？

西南桦芽苗生长慢、长势弱，容易感病，因此育苗基质必须严格消毒。育苗基质可以事先消毒，用浓度0.5%～1%的高锰酸钾溶液或多菌灵、百菌清、甲基托布津等农药消毒（农药种类详见表4），并盖好塑料薄膜，3～5天后揭开薄膜，再放1～2天即可用于播种；也可以在播种过程中用浓度0.3%的高锰酸钾溶液消毒，但是消毒效果不如前者。

表4 西南桦育苗的常用农药

药　名	用　途
代森锌、代森铵、代森锰锌	防治炭疽病、霜霉病、黑斑病等
多菌灵、百菌清、扑海因、甲基托布津	广谱杀菌剂，可防治多种真菌病害
粉锈宁（三唑酮）	防治锈病、白粉病

（续）

药　名	用　途
五氯硝基苯	防治立枯病，以及土壤和种子消毒
高锰酸钾	土壤、种子消毒
敌克松、甲醛	土壤、种子消毒或温室熏蒸
敌敌畏、敌百虫、乐果、氧化乐果、马拉硫磷（马拉松）、辛硫磷、亚胺硫磷、乐斯本	杀虫

21. 西南桦播种有哪些基本步骤？

西南桦种子细小，千粒重仅约 0.1 克（1 克种子有 1 万粒左右），因此播种时应格外细心。西南桦播种包括以下步骤：

①用 70% 酒精擦洗或 1.0% 高锰酸钾溶液淋洗育苗容器进行消毒，将基质置于容器内，整平（或以基质筑床 15～20 厘米高、1.2 米左右宽，平整床面）。有关基质的论述参见 19. 西南桦芽苗培育应选用什么基质（营养土）？

②用花洒浇 0.3% 的高锰酸钾溶液进行土壤消毒，2～3 小时后用清水浇透土壤；如事先已对基质消毒，免去此步骤。

③加铺一层事先粉碎过筛的混合基质 1～2 厘米，用木板轻轻刮平、压实。

④均匀撒播种子，播种量视种子发芽率而定，一般以 1.5～3 克/平方米为宜，筛盖混合基质，厚度以刚好不见种子为宜。

⑤喷洒 0.3% 的高锰酸钾溶液消毒，半小时后喷洒清水至床面湿透。

⑥搭拱盖薄膜和遮荫网。

22. 西南桦播种时应注意哪些问题？

在西南桦播种时，对各环节工作要求特别细致，主要应注意以下几个方面：

①西南桦忌积水，必须筑高床（15～20 厘米高），开排水沟，便于排水。

②西南桦为细小粒种子，播种床面要求特别细致，应尽量平整、无缝隙，特别强调的是，盖土不能太厚。

③播种后必须用喷雾器喷水，不能用花洒浇水，以免冲溅种子。

④播种后应及时加盖薄膜保温、保湿或防雨，搭盖荫棚防晒。由于西南桦是需光种子，必须有适量光照才能发芽，因此遮荫网的荫蔽度应低于70%。

23. 西南桦芽苗出土需要多少天？芽苗出土期间应如何管理？

西南桦芽苗开始出土的时间与温度密切相关。当气温低于12℃时种子不能发芽，15℃以上才开始发芽，但发芽时间需12天以上；当气温高于20℃时7~10天便开始发芽，30℃左右时5天就开始发芽，因此，最好选择气温在20~30℃时播种，1周左右芽苗就开始出土。贮藏种子发芽比新鲜种子发芽一般要晚1~2天。

播种后必须用透明塑料薄膜将播种床封闭，务必保湿、防雨，而且高温时应揭开拱棚两端薄膜通风透气，低温时应放下两端薄膜保温。每天上午、下午喷水各1次，喷水时将薄膜打开，喷水量以床面不积水为度。种子开始发芽后可打开两端薄膜，芽苗出齐（一般20天）后若天气暖和时可将薄膜逐渐揭开。

24. 西南桦播种20天后还不见芽苗出土，是什么原因？

可以从以下3个方面分析原因：

①播种时盖土是否太厚。西南桦种子细小，而且发芽需要光，盖土过厚不易发芽。

②发芽期间浇水是否正常，土壤是否一直保持湿润。如果一会儿干，一会儿湿，种子不容易发芽，而且将会逐渐失去活力。

③种子是否已丧失活力。可通过发芽试验进行检测，具体做法是：将一张滤纸垫在培养皿内，放入种子，加水至水面略高于

纸面，盖上培养皿盖，每天加水换气，观察种子发芽情况。若没有这些条件，可用餐巾纸或卫生纸代替滤纸，一般容器代替培养皿，加盖透明玻璃。

25. 西南桦芽苗出齐后应如何进行水肥管理？

西南桦芽苗阶段，水分管理最为重要。基质过干则苗木易萎蔫，基质过湿则苗木易感病，所以应特别注意控制水分，必须精心管护、适度浇水，防止积水或干旱。

每天浇水的次数应根据天气而定，晴朗高温天气可浇水稍多些，每天至少 2 次；阴、雨天可适当少浇或不浇。浇水时必须用喷雾器喷，以免冲溅基质，使芽苗倒伏或露根。还应特别注意，避免“浇水过夜”，以免芽苗和基质过湿而感病烂苗。

芽苗出齐后可适当施肥，促进芽苗生长。根据芽苗的生长情况，可每隔 10 天左右施一次复合肥（氮、磷、钾）。为了安全起见，施用浓度宜从 0.5‰ 开始，逐渐增加，最多不能超过 3‰，以免烧苗。若在高温天气，施肥应在下午 4 点以后进行。施肥时如床面较干，可先喷少量清水，然后再用喷雾器喷肥。施肥要均匀，施肥后最好再喷少量清水淋洗幼苗叶面，以免发生烧苗现象。

26. 培育西南桦芽苗时为什么会出现烂苗现象？应如何处理？

西南桦芽苗阶段容易出现烂苗现象，特别是在高温高湿或阴雨天气很容易烂苗。最主要的原因是基质过湿导致病菌侵染。具体而言，可能是浇水过于频繁，而且每次浇水过多，也可能是每天浇水太晚，典型的“浇水过夜”。另外，基质消毒不彻底，也可能导致烂苗；平时不注意喷药预防也可能是原因之一。

如发现烂苗现象，往往可以看见基质内有菌丝，应及时将病苗和带菌丝的基质全部挖掉，并在坑的周围撒多菌灵或甲基托布津等干粉，再用新土填平。同时注意控制水分，增加光照，防止病菌的蔓延（参见61. 西南桦有哪些苗期病虫害？如何防治？）。

27. 培育西南桦容器苗，应采用什么基质和什么规格的营养袋？

培育西南桦容器苗，以黄心土、火烧土和河沙的混合基质为宜。适量的火烧土能够改善土壤团粒结构、补充矿质营养，促进苗木生长，但火烧土的比例不宜超过25%，因为火烧土是碱性的，pH值过高会抑制西南桦苗木生长。还可在基质中拌入少量复合肥。视黄心土的黏度确定掺沙的比例。尽管以黄心土、火烧土以及河沙作为基质育苗效果较好，但由于容器苗较重，造林施工相对费工。有人尝试采用黄心土、松树皮和森林表土（2∶1∶1，体积比）以及黄心土和松树皮（3∶1，体积比）的半轻型基质培育西南桦容器苗，既减轻了基质重量，而且苗木生长良好。

由于西南桦主根十分发达，幼苗容易穿根，采用6～8厘米×15厘米育苗袋为宜。

28. 西南桦芽苗长到多高时才能移植？如何进行移植？移植后如何进行幼苗管理？

西南桦芽苗长出4～6片真叶，或苗高3～5厘米时移苗。芽苗过小或过大，都会增大幼苗管理的难度，影响移植成活率。芽苗在移植前必须炼苗1周至10天，适当增加光照强度和时间，减少浇水量，提高芽苗的木质化程度。从播种至芽苗达到移植要求，一般需要3个月时间。

西南桦芽苗在阴天移植效果最好，晴天必须在上午10点以前或下午4点以后移植。起苗前将苗床浇透水，最好在起苗前一天浇水；若起苗当天浇水，应提前3～5个小时，待重力水排出后才能开始起苗。起苗时，用削尖的小木棒（或竹签）从幼苗旁边插入基质中，轻轻将幼苗挑起装入盒内。起苗时必须注意尽量多带些土，保持根系的完整性。切勿直接拔苗，以免伤根。

移植当天上午或提前1天，将营养袋基质浇透水，移植时一只手轻轻握住一株幼苗，另一只手用小木棒在营养袋内扎出一个穴，它的宽度和深度取决于芽苗的根幅和根长，应避免苗木窝根，然后垂直插入苗木，使它的根颈部稍低于土面并扶正，从苗穴旁边插入小木棒，往穴方向轻轻压实，使苗根与土壤密贴。

移苗后必须淋足水，加盖遮荫网，若温度偏低，还应盖塑料薄膜保温。以后按照常规方法进行管理。每天约在上午 10 点和下午 4 点各浇水一次。可用花洒隔着遮荫网浇水。晴天从上午 9 点到下午 5 点必须盖好遮荫网，雨天必须全天候盖好遮荫网，以免雨水击打造成苗木倒伏或露根。移苗后约 20 天，幼苗长出新根恢复生长，可根据天气情况逐渐撤掉遮荫网。也可适当追肥，一般每月施肥 2～4 次，以复合肥（氮、磷、钾）为主，浓度为 0.3%。有条件的话，施用沼气渣液效果更好。施肥时间应在下午 4 点以后进行，第二天早上浇水清洗叶片，以免烧苗。移苗 1 个月后可完全拆除遮荫网。

在高温高湿的环境条件下，西南桦幼苗很容易发生烟霉病（或灰霉病），应及时防治。

29. 从西南桦播种到容器苗达到出圃要求，需要多长时间？哪些措施可以缩短育苗期？

西南桦实生苗适宜出圃规格为：高 20～30 厘米，地径大于 0.2 厘米。从播种到苗木出圃一般需要 6～8 个月的时间。采用施肥、接种菌根菌和喷施生长调节剂等措施，可以缩短育苗期 1～2 个月。

施肥是培育壮苗的关键措施。施用 0.5%～1.0% 复合肥或 0.3%～0.5% 尿素作基肥能够显著提高西南桦幼苗的生长速度。

应用合适的植物生长调节剂，能够促进西南桦幼苗对光能的吸收和有机化合物的合成，加快苗木的生长速度。如，ABT-6 能够提高植物体内有机酸含量，促使植物体内酸碱平衡，促进幼苗生长。建议施用 ABT-6 生根粉，浓度为 50×10^{-6} 毫克/升。

西南桦是一个典型的菌根营养型树种，它可以形成外生菌根和内生菌根（VA 菌根），对共生真菌选择性不强，对两种类型菌根都具较强的依赖性。西南桦接种菌根菌可增强幼苗抵抗低温或高温胁迫以及病虫害的能力，加快幼苗生长，促进苗木根系发育，提高苗木质量，对培育壮苗、提早苗木出圃都有显著效果。接种方法有两种：一是撒种前在基质上撒一层菌根菌剂，中国林业科学研究院热带林业研究所已开发出相关菌剂产品；二是在西南桦天然林内取土做育苗基质，西南桦天然林内具丰富的 VA 菌根菌。苗木在播种后 1 个月左右感染菌根菌。

30. 如何培育西南桦轻基质网袋容器苗？轻基质网袋容器育苗有哪些优缺点？

培育轻基质网袋容器苗，所用基质的主要原料为经粉碎过筛（10 毫米筛眼）、堆沤腐熟处理的农林废弃物，网袋为可分解的无纺布材料（中国林业科学研究院林业研究所可提供生产线和相关技术）。热带林业实验中心采用 50% 松树皮 +50% 炭化锯末，或 35% 松树皮 +50% 沤制锯末 +15% 炭化锯末作为基质培育西南桦轻基质网袋容器苗，取得了良好效果。

轻基质网袋容器的透气、透水、透根性能好，可进行空气修根，且侧根经多次空气修根后长度减小、数量增加，根系生长自由舒展，无窝根现象，苗木移栽时不必脱袋，缓苗期短或没有缓苗期。由于基质重量轻，苗木运输便利，造林施工方便，可提高造林效率，降低造林成本。几年来生产上也发现轻基质网袋容器苗的一些问题。由于农林废弃物为白蚁喜食，容易发生白蚁危害，是局部地区影响西南桦轻基质网袋容器苗造林成活率的关键因素之一，因此采用西南桦轻基质网袋容器苗造林，造林前苗木必须做防白蚁处理，如用乐斯本等农药浸泡；造林后的生长表现跟无纺布材料的质量有关，若无纺布孔径偏小，不利于根系扎入土壤，影响幼苗生长；轻基质网袋容器苗造林，其短期内（根还没有大量扎入土壤）抗旱能力不高，原因是一旦网袋容器内的基质变干，使得根与土壤隔着轻基质，水分运移阻断而至苗木枯死，可在基质中添加20% ~30%的土壤予以解决。

31. 培育西南桦裸根苗有哪些技术要点，应注意哪些问题？

培育西南桦裸根苗，必须使苗木充分木质化，往往需要1年左右的时间。相对于容器苗来说，裸根苗的培育技术要简单些，苗圃管理也要粗放些。西南桦裸根苗培育有以下技术要点。

（1）圃地选择　苗圃地宜靠近水源，选择向阳缓坡，土壤肥沃疏松、排水良好，黏质壤土的育苗效果最好。首选生荒地育苗，切忌使用菜地，若在熟地育苗，应做好土壤消毒工作。

（2）筑畦与播种　畦高约10厘米，畦面要求特别细致，畦面1 ~2厘米的土壤应充分粉碎，平整后用木板轻轻压实。均匀撒播种子，播种量以2 ~4克/平方米为宜，筛盖碎土，厚度以刚好不见种子为宜。

（3）覆草与揭草　覆盖杂草厚度要考虑两个方面：其一，用花洒浇水时不致冲溅苗床表面；其二，能够透过适量光照，保证西南桦种子发芽。当芽苗80%出土后揭开草，同时搭棚遮荫（荫蔽度约50%）。

（4）芽苗管理　芽苗期生长缓慢，对病菌的抵抗力弱，需定期喷波尔多液或多菌灵等农药，定期叶面喷施尿素或氮、磷、钾复合肥。无论喷药还是施肥，先用0.5‰浓度，逐渐增加，但不能超过3‰，防止烧苗。

（5）间苗、移植　播种2 ~3个月后，幼苗长出约6片真叶（或4 ~6厘米高），可以开始间苗和移植，保证苗木株行距为10厘米×20厘米为宜。

（6）出圃　一般来说，裸根苗培育1年就可以出圃造林。出圃前1 ~2个月，控制水肥，增加苗木木质化程度，增强苗木适应林地环境的能力，从而提高造林成活率。

32. 西南桦容易嫁接吗？有哪些技术要点和注意事项？

西南桦嫁接对季节、操作熟练程度和后期管理要求比较高，只要掌握了技术要点，管理得当，成活率就比较高。不同母树穗条的嫁接成活率差异较大，有些穗条的成活率不到20%，有些穗条高达100%，这主要取决于接穗和砧木间的亲和性。

西南桦嫁接主要采用枝接，也可采用芽接，关键要把握好以下几个环节。

(1) 嫁接季节　西南桦嫁接最好在秋季老叶即将脱落至发新叶之前这段时间，这时芽比较饱满，还没有萌动，采集穗条进行嫁接容易成功。一旦发叶后，嫁接很难成功。一般在9～10月上旬嫁接，具体时间因地点、年份不同而不同，必须提前仔细观察。

(2) 接穗的选择　必须选择树干通直圆满、生长旺盛的优树，最好从树冠中上部采集枝条作接穗，枝条必须粗壮、木质化程度高、芽饱满完好。

(3) 接穗的保鲜和运输　枝条从树上采下后，应及时采取保鲜措施，防止水分损失。可用湿毛巾将枝条下端包住，也可将枝条下端浸入水中，但不能将可作接穗的部位弄湿。如需长途运输，可将枝条剪为30～40厘米长的枝段，用保鲜膜封好，再用纸包裹，放入泡沫箱，每放一层枝条，再放一层冰袋，然后加盖封严实。采好的接穗一般应在1～2天内嫁接；有条件的话，放在冰箱内冷藏，可保鲜1周。

(4) 砧木的选择　砧木应选择生长健壮、木质化充分、下部带侧枝的1～2年生苗木，地径大于0.5厘米。若采用枝接，在嫁接前一天将砧木截干，可减少砧木的含水量，提高嫁接效果。

(5) 嫁接高度　无论枝接还是芽接，嫁接的高度最好在30厘米左右。采用枝接时，还应考虑在切口部位下方保留2～3根小枝。保留部分枝条的作用是：一方面通过光合作用提供营养；另一方面通过蒸腾作用维持水分输送和土壤养分吸收，保证砧木生长旺盛。若枝接切口下方没有侧枝，嫁接成活率很低。

(6) 嫁接的后期管理　按照常规育苗方法进行嫁接苗的管理，包括浇水、病虫害防治等，但施肥、喷药必须等到接穗发叶、抽出新枝以后，早期发现虫害，最好采用捕捉的办法。接穗发叶后应及时松绑，除去砧木枝条，定期抹除萌条。若采用芽接，发叶后还应在芽接部位上方 10 厘米左右的高度截干。

33. 西南桦组织培养有哪些基本步骤？有哪些技术难点或关键点？

西南桦的组织培养大多采用以芽繁芽的方法。这种方法不经过愈伤组织阶段，避免了愈伤组织再生途径可能导致的遗传不稳定性，更适合无性系苗木的工厂化生产。它包括以下基本步骤。

(1) 外植体的选择与消毒　西南桦枝条细、毛被多，外植体需要较长时间消毒，但它又不耐药杀，容易死亡，消毒难度很大，所以外植体的选择与消毒是西南桦组织培养的关键环节。一般采用靠近枝顶的茎段作外植体，应用 0.1% 的升汞（$HgCl_2$）消毒 3 分钟，可以获得较好的效果。

(2) 侧芽诱导　侧芽诱导是西南桦组织培养中最为关键的技术环节。侧芽诱导与初代增殖对基本培养基的要求特别严格，从生长素组合与大量元素配比两个方面入手，能够研发出诱导外植体侧芽正常萌发生长的培养基。

(3) 继代增殖　进入继代培养以后，芽苗对培养基的要求就不高了，通过试验很容易成功。

(4) 生根培养　增殖培养基中芽苗高 1.5 ~ 2.0 厘米时，可剪取芽苗进行生根培养。西南桦增殖苗非常容易生根，只要加入少量生长素，生根率就可达 90 % 以上，而且出根整齐，生根条数多。

(5) 移植管理　生根诱导培养约 2 周之后，生根高峰期基本上已过，大部分芽苗已生根。这时应及时更换培养环境进行炼苗，提高芽苗木质化程度，逐步增强其对外界环境条件的适应能力。炼苗15天后即可进行移植。以黄心土为基质，移植前用1‰的高锰酸钾溶液消毒，移植后注意保湿、通风，按照常规组培移植苗培育方法进行水肥管理和杂菌控制，1个月后移植成活率可高达95%以上。

34. 西南桦容易扦插吗？如何扦插？

西南桦扦插的难易程度主要取决于采条母株的年龄和枝条在树体上的空间位置。从西南桦幼苗以及2年生以下的优树上采集枝条，扦插容易成功，生根率可达80%以上。对于2年生以上的西南桦母树，直接采集枝条扦插的话，成活非常困难；可在树干基部采取局部伤害，施用生长调节剂等促萌方法，诱发萌条，用萌条扦插也比较容易。扦插是当前推广西南桦优良无性系的一个有效途径，尤其是结合采穗圃，能够大规模繁殖优质苗木。

西南桦插穗可以通过下切口皮层生根，也可以先形成愈伤组织，而后由愈伤组织生根。西南桦可以采用完全木质化、半木质化的枝条进行扦插，也可以采用嫩枝扦插，嫩枝扦插效果要好些。西南桦的扦插应注意以下几个方面。

（1）扦插季节　西南桦适宜在3～4月份和10～11月份扦插，此时气温较高，而且空气较为干燥，微生物活动较弱。气温高则生根快。前者培育的苗木应用于雨季造林或补植，后者适合春季造林。

（2）扦插基质　为了避免因基质湿度过高而发生腐烂的现象，西南桦对基质的排水性能要求较高。可用黄心土与河沙、火烧土、木糠或椰糠等的混合营养土。试验发现，黄心土与珍珠岩等体积混合基质的扦插效果很好。基质需要用0.5%的高锰酸钾或多菌灵、百菌清等消毒，扦插前一天必须浇透水。

（3）插穗采集　采条应在清晨有露水或阴天无风时进行，选择当年生健壮枝条，采穗时可先剪下长45～50厘米带绿叶的枝条，立刻将枝条下部用湿毛巾包扎保湿，或插入水中。将枝条剪成8～10厘米长的枝段，保留2～3片叶，迅速放入盛有清水的容器中。

（4）生根剂　扦插最好在上午9点以前或下午4点以后进行。可采用王涛院士开发的ABT－1号或ABT－6号生根粉，配合使用吲哚丁酸（IBA）等生长调节剂，生根效果更好。扦插时先将生根粉调成糊状，将插穗下部插入生根粉内，使下端约2厘米长的茎段沾满生根粉，取出时轻轻敲打掉多余的生根粉，插入营养袋内，插入深度3～5厘米，插完后浇透水。

（5）生根管理　扦插后搭建拱棚，加盖遮荫网和薄膜，进行遮荫和保温、保湿。每天喷水2～3次，每次水量不宜过多。若气温偏高，可揭开拱棚两端薄膜通风降温。插穗生根后可逐步延长通风时间，增加透光强度，控制水分，使其逐渐接近自然环境。

（6）出圃　一般扦插后2～3个月即可出圃造林。

35. 如何营建西南桦采穗圃？

采穗圃是林木良种重要的繁殖方式之一。当前西南桦组培苗的生产规模还很有限，而且价格较贵。建议各地选择优树，培育嫁接苗、扦插苗等，用来建采穗圃。有条件的话，也可以购买组培苗建采穗圃。通过采穗、扦插扩大繁殖，较大规模地生产西南桦优良无性系苗木。

西南桦采穗圃应设在气候适宜、地势平坦、土壤肥沃、排水灌溉方便和交通便利的地方。定植前，必须对圃地进行细致的整地和消毒。

营建西南桦采穗圃，关键在于确定母株的定植密度和截干高度。一般采用25～30厘米×25～30厘米株行距进行定植。值得一提的是，定植时将苗木斜着种（倾斜45°角），可增加穗条产量。苗高40～50厘米时截干，截干高度根据苗木生长情况而定，一般为20～30厘米，若用嫁接苗建采穗圃，截干高度可适当加大。待萌条长到1～2厘米时应进行追肥，肥料以复合肥或有机肥为主。萌条10～20厘米长时即可采条。采条前几天不宜施肥，以免影响扦插成活率。当母株高度超过50厘米时再次截干。每棵母株可年产约30根穗条，一般可采3～5年。

36. 西南桦苗木出圃前应如何炼苗？

炼苗是西南桦造林的一个重要环节，它关系到造林成败。一些地方西南桦的造林成活率低，与苗木出圃前缺乏炼苗、苗木过于嫩弱有关。炼苗是通过控制水肥等环境条件，调节苗木根系和茎生长，增加苗木的木质化程度，增强苗木的抗逆性。一般在出圃前1～2个月进行炼苗，主要考虑两个方面。

其一，逐渐减少浇水次数和水量，对苗木进行耐旱性锻炼；尽量少施肥或不施肥，特别是不能施氮肥，控制高生长，促进径生长，增加木质化程度，提高苗木质量；西南桦苗高不宜超过30厘米。

其二，根据苗木生长情况，进行不定期动根，即移动容器苗，剪断穿出营养袋的根系，促进袋内须根生长，提高根系数量和质量。对于穿根严重的苗木，应适当修枝，保证苗木水分平衡，防止苗木萎蔫乃至死亡。出圃前7～10天进行最后一次动根。

37. 西南桦苗期缺素有什么症状？

西南桦幼苗对缺氮、钾和镁的反应最为敏感，植株明显矮小。缺氮时基部老叶从中间开始变黄，逐渐扩散至整个叶片，并向顶部嫩叶蔓延，严重时新老叶片脉间严重失绿，顶芽变枯，脉间和叶缘出现大小不一的褐色坏死斑点；缺钾时老叶脉间先失绿变黄，中下部叶片自叶尖起沿叶缘出现铁锈色斑，并扩散至脉间，最后叶片组织坏死，整个叶片凹凸不平，严重时铁锈色斑变为红棕色，叶片皱缩上卷，上部叶片也逐渐出现黄色坏死斑点；缺镁时中部叶片脉间先出现暗绿色，并向下部扩展，严重时叶片由暗绿色变为大小不一的褐斑，叶片下卷，中下部叶片脉间褪绿变淡乃至脱落。

西南桦幼苗对缺磷和缺硫反应相对迟缓。缺磷时叶片呈暗绿色无光泽，茎呈暗红色，分枝数少，严重时个别老叶脉间失绿；缺硫时植株顶芽、幼叶略微发黄。

38. 西南桦苗木运输过程中应注意哪些问题?

西南桦幼苗的枝和干很脆，容易折断，因此对运输条件的要求比较高，苗木运输应注意以下几个方面的问题。

(1) 苗木装卸　装车最好在清晨或傍晚前进行，可用方形塑料筐或竹筐装苗。注意苗木尽量竖放。平放的苗木挤压严重，大部分枝叶在运输过程中损坏严重，顶芽损伤较多，而且茎部容易折断，严重影响苗木质量。而且装卸时要注意轻拿轻放，防止营养袋松散，伤害根系。应固定好装苗筐，以免因汽车抖动造成苗木损伤。

(2) 遮荫、避风　运输车辆必须带有帆布防雨篷。装完车后，必须将苗木盖严实，一方面保持遮荫，一方面防止漏风导致苗木被风吹干枯。

(3) 水分管理　运输前一天浇透水。运输途中必须经常检查苗木的温度和湿度，若发现营养袋内基质干燥，应适当喷水，运到目的地后及时卸车。卸苗后将苗木摆成苗床，浇透水，炼苗7～10天后再进行造林。

第五章 栽植技术

39. 哪个季节适合种植西南桦？

在云南、广西西部以及贵州西南部等春旱地区，应以雨季种植为主。由于这些地区雨热同期，应尽可能提早种植，最好在雨季初期种植。广西右江干热河谷地区也有元旦前后营造西南桦的成功案例。而在广西南宁以东地区，包括广西中部和东部地区，以及广东和福建南部，宜采用春季造林、雨季补植；这些地区往往在清明前后有较多雨水，而且温度相对较低，是种植西南桦的好时机。无论在哪个季节种植，种植前必须经历一场透雨，保证土壤湿透，最好是冒着细雨造林，成活率更有保障。

40. 常用的林地清理方法有哪些？哪种方法最适合西南桦？

常用的林地清理方式有全面清理、带状清理和块状清理。具体采取哪种方式，应考虑造林地的坡度、坡位、土壤特征、造林前的植被状况以及经营水平等因素。目前，西南桦造林地清理以全面清理方式为主。

（1）全面清理　适合杂草、灌木茂盛的林地，大多使用砍杂炼山、砍杂归堆和化学清理等方法。砍杂炼山是劈除林地内所有杂灌草，将采伐剩余物以及杂灌草均匀地铺于林地内或堆积成带，晒干后进行火烧炼山，这种方式在南方仍普遍采用，适合在较平缓的林地上使用，林地坡度应小于30°；砍杂归堆是劈除林地内的杂草和杂灌，适当保留原有乔木树种，将采伐剩余物以及杂草和灌木沿水平方向每隔2～3米堆放成带，让其自然腐烂分解，带间清出约 1 米宽的裸土面，以便翻垦、挖穴等施工，这种清理方式能够降低地温，提高土壤湿度，为西南桦幼苗、幼树生长提供一个有利环境，而且能够有效防止水土流失，适合在较陡的林地（坡度大于 30°）上采用，应大力提倡。化学清理主要是使用除草剂消除杂草、灌木或抑制其生长。其优点是成本低、功效高，若药剂选择得当、使用方法正确、施用时机合适，可节约大量劳力。

（2）带状清理　适宜于低产、低效人工林或次生林、稀疏灌丛以及坡度较大的林地。大多以栽植点为中心沿水平方向进行带状劈草、砍杂灌，将这些杂灌草或采伐剩余物归堆于保留带。带状清理的优点在于可以利用保留带对土壤的保护作用，避免林地暴露而引起水土流失。但是由于西南桦是强喜光树种，需要充足的光照，清出的带面宜宽，否则会影响西南桦幼苗幼树的生长，一般带宽应至少在 1 米以上。

（3）块状清理　适宜于杂草和灌木较少的林地或稀疏灌丛。根据造林株行距确定栽植点的位置，劈除其周围的杂草、灌木，块的大小视周围植被的高度而定。利用西南桦改造次生林或低效人工林时，通常也采用块状清理方式对较大的林窗（林内空地）进行清理。

41. 炼山有哪些优缺点，应注意哪些问题？

炼山的优点在于能够将林地清理干净、彻底，方便造林施工，降低造林成本；能够改善林地的卫生状况，降低病虫害以及啮齿类动物危害的风险，减少土壤有毒物质的积累，消除恶性杂灌草对幼苗、幼树的竞争，提高造林成活率和保存率；短期内能够增加土壤矿质养分含量，促进幼苗、幼树生长，提早郁闭，一定程度上减少幼林抚育成本。它的缺点也十分明显，炼山造成一段时间内土壤裸露，一方面导致地表温度偏高，不利于西南桦幼苗定植后的生长；另一方面导致大量有机碳、氮、硫以及部分磷和无机离子的丧失，往往使林地土壤水分物理性质明显退化，造成较为严重的水土流失，从较长时期看对林木生长并不利。因此尽量少采用炼山清理，而且只能够在坡度小于30°的林地上炼山，以免因水土流失而造成林地退化。

42. 如何使用除草剂进行林地清理?

使用除草剂进行林地清理，可以有效地消除杂草、灌木或抑制其生长。由于南方林地杂草、灌木种类多样，一般采用广谱性的除草剂。草甘膦即是一种广谱性的芽后除草剂，其除草活性强，高效、低毒，且对土壤无残留，生产上常添加柴油、2，4-D丁酯、洗衣粉以及调节膦等能够增强除草效果、降低药剂成本，是我国林业上应用最为广泛的除草剂。对于杂草和灌木茂盛的林地，也可以应用砍杂与除草剂相结合的方式进行林地清理。具体做法是，首先全面劈草砍杂灌，待杂草和灌木萌发新叶或新梢，生长较为旺盛的时候喷洒除草剂，这种清理方式对消除或抑制杂草和灌木特别有效，甚至能够大大减少造林后的幼林抚育用工；也有人采用除草剂清理与炼山相结合的方式，先喷洒除草剂，待杂草和灌木枯黄以后再直接进行炼山。这种方式可以不考虑除草剂的残留问题，炼山可以消除其影响，所以在除草剂的种类选择上可灵活些，只要能够有效消除杂草和灌木即可。

43. 整地（林地翻垦）方式有哪些？哪种方式最好?

整地包括全垦、带垦和穴垦3种方式。采用哪种整地方式需视立地条件和经营水平而定。

（1）全垦　全垦能够较为彻底地清除杂草、灌木，明显改善土壤的理化性质，促进幼林生长，但是全垦用工多、投资大、成本高，且坡地全垦往往导致水土流失，因此一般不宜应用于西南桦造林。若在坡度小于20°的缓坡地开展西南桦林下间作，而且采取相应的水土保持措施，可采用全垦，深度通常为20～30厘米。

（2）带垦　带垦是指沿山坡水平方向翻土开带，筑成台阶状或沟状。带宽一般为0.6～1.0米，坡陡处宜窄，以免土面太宽造成塌方；带间距与造林行距一致。在土壤瘠薄、易板结的缓坡地，可采用小撩壕，壕宽0.5～0.6米，深0.4～0.5米，能够显著改善土壤结构和理化性质，促进幼林初期生长。

（3）穴垦　在地形破碎、坡陡地段，适宜采用穴垦，能够防止水土流失。按照株行距确定栽植点，与挖穴相结合。一般要求挖大穴，挖明穴，回表土。穴径0.5～0.7米，深0.3～0.5米。具体做法参见44. 种植穴（坑）应挖多大才好？穴垦省工，劳力不足时常用，而且穴垦操作上机动、灵活，其缺点是幼林抚育费工，且抚育必须及时，以免草面盖过西南桦幼苗、幼树，妨碍其生长乃至存活。

44. 种植穴（坑）应挖多大才好？

目前，营造西南桦人工林，普遍采用40厘米×40厘米×30厘米或35厘米、50厘米×50厘米×40厘米等规格的穴，视立地条件和经营水平而定。对于黏重、板结土壤，宜挖大穴；对于疏松土壤，穴可适当减小。西南桦喜疏松土壤，挖大穴有利于西南桦的生长，因此经营水平高的话，可采取挖大穴方式。

45. 挖穴（坑）和回土有哪些要求？

挖穴时先将表土堆在穴的上沿，心土堆在下沿做埂。挖穴后约1个月回土，期间通过太阳暴晒可以给土壤消毒，增加土壤温度，加速土壤养分元素矿化。

回土时应先回表土，倘若施基肥的话，回至1/2穴深后放肥，将肥与土混匀以免造成肥害，再回满土成馒头状，待雨后造林。必须强调的是，回土一定要满，凸出地面呈馒头状，几场雨后，疏松土面会稍微下沉而与周围土面持平；若回土不满，土壤下沉后会形成坑而易积水，由于西南桦特别忌积水，这样往往导致西南桦幼苗生长弱甚至死亡。

46. 西南桦幼林施肥有效果吗？应如何施肥？

施肥是促进幼林生长发育的重要手段之一，尤其对于较贫瘠土壤，必须进行施肥。施肥能显著促进西南桦幼林径、高生长，促进幼林提早郁闭成林。尤其是在造林后3年内的施肥效果最为明显。

（1）基肥及种类　我国南方林地土壤普遍缺磷，因此施用磷肥作基肥，对西南桦幼林的生长发育十分必要。结合回土，每穴施过磷酸钙200～300克+氮、磷、钾复合肥100克。如有条件者，可施500克有机肥作底肥效果更好。

（2）追肥种类及方法　结合抚育连续追肥3年，每年在雨季初期追肥1次。追肥多用氮、磷、钾复合肥。每次每棵幼树追施100～300克，逐年增加。采取沟施方式，沿着树冠外缘开弧形沟，沟深约10～15厘米，宽10厘米，长约40厘米，放肥后应立即回土，回土时将肥与土混匀，再回细土覆盖。

施肥需要因地制宜，才能提高肥料的利用率和施肥效果。有条件的话，在施肥前最好对土壤进行化验，根据土壤养分情况有针对性地进行施肥。

47. 应用西南桦容器苗造林，怎样进行定植？应注意哪些问题？

为了增强苗木适应环境的能力，提高造林成活率，在苗木出圃定植前，必须经过约1个月（至少半个月以上）时间的炼苗。若长途运输，应让苗木适应新环境，恢复长势之后才能造林。造林前还应浇透水，亦可适当修剪枝叶，减少水分蒸腾。对于穿根苗以及营养袋较小的情况，枝叶修剪特别重要。

无论是在春季还是雨季造林，均应在透雨后即土壤湿透后定植。西南桦一般采用穴植。定植时先用小锄挖一小穴，穴的深度以保证不窝根为宜，而且应保证可将根颈部以上2厘米埋入土中；把去袋的小苗（纸质或轻基质网袋容器苗不必去袋）放在小穴中间，再回细土，注意不能让干土、枯枝落叶等掉进栽植穴，以免在根系附近形成干燥区或大空隙，妨碍水分供应；然后压实或踩实根部周围土壤，消除空隙，有利于土壤毛细管水的运移。踩压时应注意不能太靠近植株，以免压散附在根部的土团，使之形同裸根苗；再回松土覆盖地表以减少水分蒸发，有条件者可进一步用枯枝落叶或杂草覆盖地表，保墒效果将更好，能够提高造林成活率。

需要特别注意的是，应用轻基质网袋苗造林，由于基质中含有树皮、木屑等物质，容易发生白蚁危害，造林前还应使用乐斯本等防白蚁药剂对苗木进行浸泡处理。

48. 用西南桦裸根苗造林，定植时应注意哪些问题？

早期生产上大多用西南桦裸根苗造林，目前一些林区在大规模造林时仍采用裸根苗。由于气候日趋反常，用西南桦裸根苗造林，成活率普遍很低，而且裸根苗蹲（缓）苗期长。因此主张培育西南桦容器苗造林。实在没有条件，只能用裸根苗造林，则必须注意以下事项。

（1）苗木选择　苗木质量好坏直接影响到造林成活率，选择苗木一定要做到：选择生长健壮、充分木质化、根系发达（侧根、须根多）、无病虫害、规格统一的苗木。

（2）起苗　起苗前要先淋湿苗圃地，起苗时根系要完好，尽量减少根系损伤，多带须根。若主根和侧根太长，必须适当修剪。同时剪去嫩枝及老叶，只保留主杆顶部的2~3片完整叶，以减少水分蒸发。起苗后，苗木应放在阴凉处，避免曝晒和风吹。

（3）药剂处理　起苗的同时，采用如下药剂处理，可提高造林成活率。其一，用阿司匹林浸泡，能够减慢树苗体内水分的蒸发，增强抗旱能力，提高成活率，具体方法是：在起苗时用0.004%（40ppm）溶液浸泡苗木的根系4~8小时；其二，用混有0.01%的稀土或吲哚丁酸（促根素）或生根粉等的黄泥浆进行浆根，可促进提早发新根，也便于运输，也可以在黄泥浆中加入保水剂。

(4) 造林时间　西南桦裸根苗造林对天气的要求较高，一般适合在广西东部和南部、广东和福建用于春季造林，最佳季节是在每年的2~3月，透雨后1~2天内造林或冒细雨造林，此时空气湿度大，温度较低，苗木定植后水分蒸发少，且贮藏养分较多，移植后根系恢复生长快，可获得较好的造林效果。4月份以后气温已逐步升高，采用裸根苗造林通常成活率不高。切忌在大晴天（阳光曝晒）造林，以免造成幼苗脱水死亡。

(5) 定植　造林时在穴中间用小锄头挖开约15厘米深的小穴，将苗木垂直插入，然后回细土压实，使根系与土壤充分接触，再回细土覆盖在小树周围，有条件的话，可用干草或灌木枝叶覆盖地表，减少地表水分蒸发，提高造林成活率。

49. 种植西南桦应采用什么样的株行距？

确定西南桦种植的株行距，应综合考虑立地条件、经营水平等因素。西南桦基本上属宽冠型树种，容易郁闭成林。若在条件较差的立地上种植，而且经营较粗放，适宜采用2米×3米株行距；对于条件较好的立地，而且经营水平高，则采用3米×3米株行距或2米×4米（宽行窄株）。若考虑林下间作，株行距还可适当加大，如3米×4米。

50. 西南桦跟哪些树种混交好？

营造西南桦混交林，必须充分了解西南桦和伴生树种的林学特征，明确经营目标，制定相应的经营计划。关键技术在于选择合适的伴生树种，确定合理的混交比例、混交方式以及造林株行距。

目前，西南桦与红锥（别名刺栲）、杉木等混交模式很成功，已在生产上推广。西南桦与红锥的混交，可采取1:1、1:2或2:1的比例进行行间混交，株行距采用2米×3米或3米×3米，两者都是珍贵树种，都可用来培养大径材，红锥比西南桦生长稍慢些，早期需要庇荫，西南桦处于林冠上层，可为红锥提供庇荫条件，以后通过间伐和修枝协调两者的关系。西南桦与杉木采取1:2～4的比例进行行间混交，杉木株行距为2米×2米，西南桦株距为3米，与杉木的行距可为3米，西南桦生长比杉木快，为杉木的早期生长提供侧方庇荫条件，杉木主要培养中小径材，留少量培养大径材，西南桦培养大径材。这两种混交模式的效果都很好。

一些地方采用西南桦与茶叶的混交模式，如果混交比例、方式合适的话，西南桦为茶叶提供适当的遮荫，能够提高茶叶的产量和品质，同时可以培育西南桦大径材。

在经济较发达地区，可以在靠近城市且交通方便的林地，营建西南桦与绿化树种，如木兰科、山茶科、杜英科等树种的混交林，培育西南桦大径材的同时经营绿化大苗，能够增加经济效益，提高林地的使用率，提前回收造林资金。

混交试验也有一些失败的教训，如有人用西南桦与马尾松混交，由于混交密度不合理，几年后马尾松基本上处于被压状态，生长非常差；西南桦与米老排混交也不是一个成功的模式，西南桦处在米老排林冠下，生长不良。

在西南桦天然林中，西南桦与壳斗科、樟科、山茶科、松科、杉科等的树种混生，给西南桦伴生树种的选择提供了有益的启示，但混交方式和混交比例有待进一步研究。建议各地技术人员根据当地的植被情况，设计混交组合，开展各种混交方式、混交比例的对比试验，为当地西南桦混交林的营造提供理想模式。

51. 什么时候检查造林成活率？在什么情况下需要补植？

一般在造林后1～3个月内调查成活率，最迟也应在雨季结束之前进行，以便安排补植工作。若造林成活率低于85%，应进行补植。最好在造林当年补植。若保存率偏低，还应在第二年安排补植。

第六章　管护技术

52. 西南桦幼林管护应采取哪些措施？注意哪些问题？

西南桦幼树的树干、枝条脆而易被折断，树皮薄而易被擦伤，一旦被牛、羊等牲畜搔痒而擦破树皮，伤口流胶易感染病菌形成伤疤，导致木质部裸露，影响干形和材质，重者导致整株死亡。嫩梢、嫩叶也为牲畜喜食。而且木蠹蛾等蛀干害虫危害也主要发生在幼林期，因此西南桦幼林的管护工作直接影响到造林成败。

西南桦幼林管护主要包括防止人、畜破坏和监控病虫害，应采取以下措施。

①走访造林地附近村民，若造林面积大的话，可通过基层林业管理部门给造林地附近的村委会下发文件，严禁在西南桦造林地内放牧；

②在我国云南热区[①]，村民有放养牛、羊等牲畜的习惯。可在西南桦新造林地周围开挖防牛沟或修筑防牛围栏等，阻止牛羊进入林地；

③西南桦旱季集中落叶，落叶多，容易燃烧，而且火力旺，必须注意防止火灾的发生；

④经常观察林分的健康状况，以便尽早发现病虫害，及时采

---

① 云南热区主要指哀牢山以东海拔400～1 000米，以西海拔750～1 300米的地区及一些零星分布的热区“飞地”。包括河口、元江、景洪、勐腊、勐海、孟定、孟连、西盟、元谋、金平、绿春、江城等地。

取防治措施，防止病虫害蔓延，例如及时将病虫木清除并运出林外烧毁。

⑤凡大片林分（千亩以上），必须有专人管护，防止人、畜等破坏，发现病虫害和火灾及时报告，采取解决办法。

53. 西南桦种植后需要抚育多少年？每年抚育几次？如何安排？

西南桦林内往往草本、灌木和藤本植物种类丰富多样，而且生长旺盛，对西南桦幼树影响十分严重。这些杂草、灌木不但和西南桦争夺养分、水分，而且由于西南桦是一个强喜光树种，幼林期需要良好的光照条件，一旦被杂草、灌木覆盖，西南桦就会逐渐死亡。一些藤本爬到树上缠绕树干，导致幼树生长不良乃至断干。因此，在造林结束后到幼林郁闭前这段时间，必须根据林木以及林地杂草、灌木的生长情况，适时进行抚育，从而加快幼林生长，促进林分郁闭，巩固造林成果。

一般在造林后3年内进行抚育，每年抚育2次，分别在雨季前和雨季后进行。具体而言，在每年的4～5月份和10～11月份各抚育1次。一些地区，如云南南部，杂草生长特别旺盛，应每年抚育3次，即在雨季中期7～8月份应增加1次抚育。

54. 西南桦幼林抚育有哪些方法？哪种方法最好？

目前，生产上采取全面抚育、带状抚育和穴状抚育3种方法。西南桦幼林不宜采用全面抚育，尤其在低海拔地区，保留适当的地表覆盖，可以降低地表温度，促进幼林生长。可采用带状或块状抚育方式，带宽1.5米，块规格1～1.5米，将带内或块周围杂草清除干净，保留带或穴外的植被，也可以只清除林地内五节芒、白茅、粽叶芦之类恶性杂灌，保留较矮的良性杂灌，促进林木生长的同时防止或减少水土流失，尤其在坡度较大的立地更应如此。抚育时，将锄松的土壤培到植株根部，将锄下的杂草覆盖在种植点上，以减少地表水分蒸发，增加有机质，抑制杂草生长，但应做到不损伤树体。

全面抚育（铲草）的幼林保存率比带状和穴状抚育低，生长也差。全面抚育容易因地表过度暴露而导致地面温度过高，西南桦树皮较薄容易出现树皮灼伤乃至溃疡。带状和穴状抚育保留部分植被，为幼林生长提供了侧方遮荫作用，幼林出现灼伤状况较少。

55. 西南桦幼林抚育时可以施用除草剂吗？

在西南桦适宜栽培区，林地上往往草本、灌木和藤本植物较多，而且生长旺盛。茂盛的杂灌使得抚育难度和抚育成本增加，因此可以考虑采用除草剂。

由于西南桦对除草剂十分敏感，小剂量就可以造成西南桦植株的伤害或死亡。因此，应注意使用时间和用量，并对西南桦植株采取防护措施。最好在造林前 3 天左右使用除草剂，既可不伤害西南桦幼苗，而且操作简单，效率高。喷药一般在晴天进行，或喷药后保证 3 个小时内无雨。除草剂如草甘膦的药力可维持一个生长季，即 1 年左右。

如果造林前来不及喷洒除草剂，可在造林后结合抚育同时进行。喷洒除草剂时，务必注意避免将除草剂喷到西南桦植株上，用塑料薄膜或塑料桶等将西南桦幼树盖严，待喷施完后或药剂喷雾散去后再打开。

西南桦长至 2 米高以后，杂草的影响就相对弱了，因此除草剂主要在造林初期应用，后期不宜喷施除草剂，采用穴状抚育即可。

56. 西南桦需要修枝吗？修枝有哪些好处？

西南桦的自然整枝能力很强，但是往往在树干内留有死节，严重影响木材质量，因此人工修枝十分必要。通过抹芽修枝可培育无节良材，减少营养物质无效消耗，加速林木主干生长，增加树干圆满度，提高木材质量，增加经济效益。由于西南桦的主要虫害——木蠹蛾、拟木蠹蛾类昆虫是通过较大枝条蛀入树体的，适时修枝能够减少蛀干害虫的危害。此外，及时修除病虫枝条能够防止病菌、害虫等对树木的进一步破坏。因此，抹芽修枝是西南桦大径材培育的关键技术环节。

57. 如何进行西南桦修枝？

修枝会减少树冠长度，可能会减少其营养面积，短时间内对林木生长产生负面影响。因此科学地制定修枝方案，确定修枝时间、强度（修枝高度）和次数，对于西南桦无节良材的高效培育至关重要。修枝时还要掌握好方法。修枝往往需要与间伐结合实施，达到调整树冠、促进保留木生长之目的。

（1）修枝时间　考虑到兼顾无节良材的生产和蛀干害虫的防治，从西南桦造林后 3 年左右，树高达约 4 米时即开始第一次修枝。以后每隔 2 ~ 3 年修枝 1 次，有条件的话，可修枝到约 8 米的高度。西南桦修枝最好在落叶前进行，具体时间为 9 ~ 10 月份。此时树液流动缓慢，对林木的伤害较小。切忌在林木生长旺盛的季节修枝，因为树液流动旺盛，修枝后容易造成树液流出，损失大量有效营养；也应避免在雨季修枝，因为此时病虫滋生、繁衍旺盛，病虫害最易入侵修枝伤口，造成林木发生病腐或虫蛀。

（2）修枝强度　西南桦修枝应把握好合理的修枝强度。若修枝偏少，一些枝条光合作用小于呼吸作用，会无效消耗树体营养，也达不到改善干形之目的；过度修枝，则会严重降低林木的光合作用能力，影响林木生长，而且容易导致主干弯曲或风折。西南桦的合理修枝强度是，树木长至高约 4 米时，修枝高度占全树高的 1/3，树木长高至 6 米以上，修枝高度占全树高的 1/2。

（3）修枝方法　修枝的方法应科学，操作应合乎规范。用于修枝的枝剪、刀、锯等工具要锋利。修枝时，应紧贴主干修除侧枝，削面力求光滑，切忌留下枝桩，否则极易长成死节。而且应特别注意不要伤及主干。对于修除较粗大侧枝，应先在枝下部位向上开出口子，然后再从上部向下全部修除，可有效防止撕裂主干树皮。必须修除病虫枝、干枯枝和损折枝，后期修枝还应注意修除粗大侧枝和多头枝，保证树冠匀称和主干通直圆满。对形成的较大伤疤，用油漆等封严实，防止因伤口愈合慢而形成死节或伤疤。修枝后还应适时抹除主干基部的萌蘗条，减少营养无效消耗，促进主干生长。

58. 怎样进行西南桦人工林间伐？

间伐是在林分主伐前进行的抚育采伐，目的是降低林分密度，改善林内光照、卫生条件，促进保留木生长，提高木材质量，缩短培育期，最大程度实现培育目标。

西南桦造林，一般采用每亩 74 ~ 111 株的初植密度，间伐1 ~ 2 次。西南桦人工林生长迅速，郁闭早，造林 3 ~ 4 年即可郁闭，但此时个体的竞争作用较弱。由于竞争可以促进林木的高生长，因此可以适当推迟进行第一次间伐的时间。而且第一次间伐时间因造林密度而异，一般可在造林后 6 ~ 8 年进行，伐去长势弱、干形差、感染病虫害的植株。第一次间伐强度 15% ~ 40%，间伐时先标记需砍伐个体，注意保持林木分布均匀。第一次间伐后，西南桦林分生长迅速，待完全郁闭后，竞争强烈，自然选择明显，此时可进行第二次间伐，大多在造林后 12 ~ 14 年进行，间伐强度根据林分密度以及树高、胸径和树冠生长情况而定，但一般小于第一次间伐，主要是伐去被压木、树冠生长差、干形弯曲较大、分杈严重的林木，目的是加速林木径生长和材积生长，培育大径材，缩短工艺成熟期。

在经济条件允许的情况下，在林分生长不同时期，不定期伐除感染病虫害的林木，目的是改善林内卫生条件，减少病虫害的发生，促进林木健康生长。

间伐不但可以促进培育目标的实现，而且还能获得部分收益，间伐的小径材、枝丫材，可加工制作纤维板、刨花板等。

59. 西南桦人工林要多少年才能主伐？应采取什么主伐措施？

西南桦主伐的关键是成熟年龄的确定和采伐方式的选择。西南桦是一个珍贵用材树种，主要用于生产大径材，它的木材用于制作木地板、家具以及单板贴面等。有研究表明，西南桦人工林15年生以后木材力学性质趋于稳定。西南桦的主伐年龄，主要根据径生长指标来确定。市场上西南桦的价格以尾径大于30厘米为界，上下价格差异较大。根据西南桦生长速度和市场因素等分析，其主伐年龄在15~20年。

主伐方式的选择要立足有利于森林更新，有利于发挥森林的多种效益，方便木材生产，同时还要考虑森林的自然状况、经营目的和当地社会经济条件等。考虑到西南桦的主要产区在云南和广西经济相对落后的地区，西南桦的采伐方式以皆伐为主。在山高坡陡的地段，宜进行小面积块状皆伐；在地势较平缓的地段，可进行大块状皆伐。

60. 西南桦人工林可以萌芽更新吗？

西南桦伐桩的萌芽能力较弱，一般不萌芽，仅见伐桩直径在4厘米以下时萌发，因此西南桦人工林不能进行萌芽更新。

第七章　常见病虫害及其防治技术

61. 西南桦有哪些苗期病虫害？如何防治？

西南桦苗期病害主要发生在芽苗期。芽苗期生长缓慢、柔弱，很容易感染病菌，常见病害有猝倒病、根腐病和烟霉病，应以预防为主。播种时育苗基质和容器都应经过严格消毒。每天浇水前应仔细检查苗木生长状况，看是否有病虫害等异常情况。每隔7~10天喷一次药，常用农药有多菌灵、甲基托布津、代森锌和井冈霉素等，喷药浓度从0.5%开始逐渐增加。应用单一农药容易使病菌产生抗药性，为了增加防病效果，建议交替使用2~3种农药或根据说明书将两种农药混合起来使用（具体农药参见表4）。一旦发现病害应及时清除病株，最好将病株周围的苗木和基质全部挖走（或挖坑将周围的苗木隔离），用多菌灵等药粉直接撒在坑周边，再用新土填平，同时适当增加用药的浓度，少浇水或不浇水，增加光照。

芽苗阶段虫害较少见。如发现虫害，一般采用手工捕捉的方法，因为低浓度的药液对害虫不起作用，而浓度高则易烧伤苗木。可用乐果、敌敌畏或敌百虫等药液喷洒于容器或苗床周围，杀死或驱赶害虫、白蚂蚁等。

在幼苗阶段，西南桦的病虫害相对较少。但是在高温高湿的环境条件下，西南桦幼苗很容易发生烟霉病（或灰霉病）、立枯病，注意定期喷井冈霉素和代森锌等药物加以防治。注意捕捉尺蠖等食叶害虫。

62. 西南桦人工林有哪些病害？如何防治？

西南桦人工林的病害较少，病害的发生跟林地环境和林地周围的植被有很大关系，往往低海拔造林容易发生病害。病害症状是在小枝和主干上部有褐色斑或环状褐色斑。一般根据病害的发生情况和危害程度采取防治措施。防治方法包括：清除染病侧枝并移出林地，或喷施多菌灵或甲基托布津等杀菌剂。及时进行幼林抚育，也可以减少病害的发生。

在较低海拔造林，西南桦发生日灼危害，通过混交以及抚育时适当保留良性杂灌，可避免或减少植株灼伤。

63. 西南桦人工林有哪些常见虫害？

西南桦人工林的主要害虫包括食叶害虫、蛀干害虫和白蚁等，其中蛀干害虫的影响最大。蛀干害虫在树干钻蛀孔道不但影响出材率和质量，而且影响树木生理活动，导致树体生长变弱，也容易发生风折等现象。蛀干害虫主要有木蠹蛾（含拟木蠹蛾）、天牛和吉丁虫3类，以木蠹蛾危害最为严重。刺蛾、尺蠖等食叶害虫危害相对较小，也容易防治。白蚁主要危害生长较弱的西南桦植株，对整个林分的影响不大。

64. 西南桦一般在多大年龄时易发生木蠹蛾危害？危害有什么症状？

木蠹蛾是西南桦人工林主要的蛀干害虫，危害较大。危害西南桦的主要木蠹蛾种类参见表5。木蠹蛾常在幼林期2~3年生时开始发生，郁闭后危害较少。虫源主要是来自林地附近的经济林、松林或作物，如柑橘、荔枝园等。高温、干燥立地和林缘木易发生木蠹蛾危害。

木蠹蛾主要经由侧枝基部侵入树干，钻蛀后会留下明显的孔洞，孔洞周围有一条黑褐色粗约1厘米的虫粪，长约10厘米，以虫粪为中心有十几厘米大的褐色斑，这是木蠹蛾啃食树皮留下的痕迹，危害初期症状十分明显。在危害发生1~2年后，树干上的

表5 危害西南桦的主要木蠹蛾种类及其生活史特征

种 名	拉丁名	生活史
咖啡木蠹蛾（豹纹木蠹蛾）	*Zeuzera coffeae*	一年发生1代，5月上旬幼虫开始成熟，5月中旬成虫开始羽化、产卵，7月份幼虫孵化
芳香木蠹蛾	*Cossus cossus*	两至三年1代，越冬老熟幼虫于4~5月化蛹，6~7月羽化出成虫
荔枝拟木蠹蛾	*Arbela dea*	一年发生1代，3~4月化蛹，4~5月羽化
相思拟木蠹蛾	*Arbela baibarana*	一年发生1代，4~5月化蛹，4月下旬至7月上旬羽化

虫粪会自然脱落；随着树木生长，孔洞周围树皮上的褐色斑，颜色也逐渐变淡，原孔洞口由于周边组织生长而逐渐愈合并最终消失，但树干内部仍存在死节。

65. 如何进行木蠹蛾防治？

木蠹蛾防治主要有以下措施：

①选育抗虫、速生无性系或新品种，是西南桦人工林健康发展的重要途径，既可以达到培育目标，也可以降低防治成本。

②西南桦天然林病虫害极少，因此可以模拟天然林组成营造混交林，是降低林分虫害风险的有效方法。目前，苦楝、山乌桕是生产实践中发现的能够降低木蠹蛾等蛀干害虫危害的混交树种。也可以在幼林抚育时尽量保留杂灌，依靠自然力形成多树种、多层次混交，增加林分的生物多样性，减少木蠹蛾危害的发生。

③一般来说，生长旺盛的林木受木蠹蛾危害较少；林分郁闭后形成较为湿润的林内小气候，木蠹蛾的危害也较轻，因此在造林初期，应重视林木施肥，一方面促进林分尽早郁闭，另一方面增强林木长势。

④造林后应加强抚育管理，最好在秋季落叶前修枝，剪口要平滑，防止机械损伤，或在伤口处涂防腐剂。另外，间伐也是有

效措施之一，提高林木生长状况，清除长势较弱的个体和被压木，清除虫源，防止进一步蔓延，改善林内卫生条件。

⑤在木蠹蛾危害发生后，可采用化学防治措施。对于初孵幼虫，可用1 000～1 500倍50%辛硫磷乳油或50%久效磷乳油进行喷雾防治，也可采用磷化铝片剂对危害林分进行熏蒸；幼虫蛀入树干后，可用300～500倍50%久效磷乳油或50%马拉硫磷乳油等药剂注入虫孔，然后用泥土封堵洞口；在木蠹蛾成虫羽化季节，可用黑光灯诱杀，或用性引诱剂诱粘。

主要参考文献

陈国彪，曾杰，翁启杰，等．2005. 温度对西南桦种子萌发的影响研究初报．广东林业科技，21（1）：19－21.

谌红辉，曾杰，贾宏炎．2007. 西南桦叶芽离体培养再生植株技术．林业实用技术，10：21－22.

弓明钦，王凤珍，陈羽，等．2001. 西南桦对菌根的依赖性及其接种效应研究．林业科学研究，13（1）：8－14.

黎明，卢志芳．2005. 西南桦嫁接培育技术．林业实用技术，6：25.

刘德朝．2006. 西南桦良种采穗圃营建技术试验研究．林业勘查设计（福建），1：101－103.

刘英，曾炳山，裘珍飞，等．2003. 西南桦以芽繁芽组培快繁研究．林业科学研究，16（6）：715－719.

蒙彩兰，黎明，郭文福．2007. 西南桦轻基质网袋容器育苗技术．林业科技开发，21（6）：104－105.

翁启杰，曾杰，郑海水．2004. 西南桦育苗技术研究．林业实用技术，5：20－22.

曾杰，郭文福，赵志刚，等．2006. 我国西南桦研究的回顾与展望．林业科学研究，19（3）：379－384.

曾杰，翁启杰，郑海水．2001. 西南桦种子贮藏试验．林业科学研究，14（4）：430－434.

曾杰，郑海水，汪炳根，等．1998. 热带南亚热带速生珍贵用材树种——西南桦．林业科技通讯，4：18－20.

曾杰，郑海水，翁启杰．1999. 我国西南桦的地理分布与适生条件．林业科学研究，12（5）：479－484.

张建国，王军辉，许洋，等．2007. 网袋容器育苗新技术．北京：科学出版社．

赵志刚，翁启杰，赵霞，等．2006. 西南桦在广东省中部引种初报．广东林业科技，22（2）：64－67.

赵志刚，曾杰，郭丽云，等．2006. 西南桦嫁接试验初报．林业科技，1：18－19.

郑海水，曾杰，翁启杰．1998. 西南桦育苗基质选择试验初报．林业科技通讯，10：23－25.

主要参考文献

[illegible]，[illegible]，[illegible]，等. 2005. [illegible]. [illegible]，23（4）：19-21

[illegible]. 2007. [illegible]. [illegible]，10：21-22

[illegible]，[illegible]，[illegible]，等. 2004. [illegible]. [illegible]，15（1）：8-14

[illegible]. 2005. [illegible]. 林业实用技术，（6）：35

[illegible]. 2006. [illegible]. [illegible]，（1）：101-103

[illegible]. 2003. [illegible]. [illegible]，16（6）：715-719

[illegible]. 2007. [illegible]. [illegible]，21（4）：104-105

[illegible]. 2004. [illegible]. 林业实用技术，（5）：20-22

[illegible]. 2006. [illegible]. [illegible]，19（3）：379-384

[illegible]. 2001. [illegible]. 林业科学研究，14（4）：430-434

[illegible]. 1993. [illegible]. [illegible]，4：18-20

[illegible]. 1994. [illegible]. [illegible]，12（5）：479-481

[illegible]. 2007. [illegible].

[illegible]. 2006. [illegible]. [illegible]，23（2）：64-67

[illegible]. 2003. [illegible]. [illegible]，4：18-19

[illegible]. 1997. [illegible]. 林业科技通讯，10：23-25

后 记

本书是国家“十一五”科技支撑项目“西南桦用材林高效培育技术研究与示范”（2006BAD24B09-02）的技术成果之一。本书的出版得到国家出版基金资助，在此表示衷心的感谢。

我们还要感谢科技部、国家林业局多年来对西南桦研究工作的支持，希望本书能够增进林农、林业投资者、基层技术人员和林业管理部门对西南桦的了解，推动西南桦种植业上一个新台阶，使西南桦在国民经济发展和环境建设中发挥重要作用。如果大家能够从本书中受益，我们将感到无比欣慰，也乐于提供技术服务。如果大家在生产实践中发现什么新的技术问题，希望能反馈给我们，我们将不遗余力地予以解决。以下是我们的联系方式：

联 系 人：曾 杰

联系地址：广州市天河区龙洞街广汕一路682号中国林业科学研究院热带林业研究所（邮政编码：510520）

联系电话：020-87030271；传真：020-87031622

电子邮箱：zengj69@ritf.ac.cn，zengjie69@163.com

著 者

2010年7月